AF246794

GASTON LECOUTEY

DU

PLATRAGE

DES VINS

Prix : 1 franc

PARIS

IMPRIMERIE ET LIBRAIRIE CH. NOBLET

13, RUE CUJAS, 13

1888

GASTON LECOUTEY

DU

PLATRAGE
DES VINS

PARIS

IMPRIMERIE ET LIBRAIRIE CH. NOBLET

13, RUE CUJAS, 13

1888

PLATRAGE DES VINS

 ES progrès de la chimie dans le do-
maine industriel sont tels que, depuis
quelques années surtout, le public n'est
disposé à voir dans la plupart des produits alimen-
taires que des préparations faites dans les laboratoires. Le laboratoire municipal cependant offre
au point de vue de la santé publique des garanties
suffisantes. D'autre part, l'Académie de médecine,
toujours en éveil, s'occupe avec une sollicitude très
louable de tout ce qui intéresse l'alimentation. Il
n'y a donc pas lieu de conclure comme d'aucuns à
un empoisonnement général.

A part les procès scandaleux qui se sont termi-
nés par la condamnation bien méritée des person-

nages incriminés, si l'opinion publique s'est émue, c'est surtout à cause des questions controversées qui journellement sont discutées à l'Académie de médecine. Au lieu, dans ces questions, de se faire une opinion juste en tenant compte des arguments pour ou contre, le public, enclin, disons-le franchement, à l'exagération, n'a vu qu'une chose, l'opinion des plus pessimistes.

***

Parmi ces questions, celle du plâtrage des vins est depuis longtemps à l'ordre du jour. Différentes circulaires ministérielles se sont occupées de réglementer la façon de procéder des viticulteurs ; des protestations se sont produites qui ont modifié ces circulaires ou en ont suspendu les effets ; il y a là, comme on peut en juger, un problème intéressant à résoudre.

Dès 1856, le Comité consultatif d'hygiène s'occupait du plâtrage des vins ; en 1858, sur ses conclusions, M. le garde des sceaux tolérait d'une façon absolue cette opération. En 1866, d'autre part, l'Académie des sciences reconnaissait, sur le rapport de M. Chancel, que, « dans la pratique, le plâtre est ajouté à la vendange en saupoudrant le raisin au moment du foulage ». Ainsi, cet usage, depuis longtemps répandu dans la plupart de nos vignobles, s'est trouvé consacré et par le Comité d'hygiène et par l'Académie des sciences.

Quels sont donc les effets du plâtre sur le vin?

Si le sulfate de chaux entraîne certains principes azotés qui peuvent être nuisibles à la conservation du vin, il a surtout pour effet de faire passer dans le vin une partie de l'acide tartrique qui, sans l'opération du plâtrage, resterait dans le marc. L'acide tartrique, on le sait, anime la couleur du vin et assure avec efficacité sa conservation. C'est là le but poursuivi.

Dans cette opération, le plâtre transforme en sulfate de potasse la majeure partie du bitartrate de potasse contenu dans le marc; c'est-à-dire qu'il y a dans le composé potassique échange d'acide sulfurique et d'acide tartrique et, par conséquent, mise en liberté d'acide tartrique, qui demeure dans le liquide. Mais il reste dans le vin du bisulfate de potasse résultant des différentes combinaisons qui sont déterminées par l'action du plâtre; or, c'est justement la présence de ce sel qui a donné lieu à la publication de récentes circulaires ministérielles réglementant le plâtrage et aux protestations qui en ont été la conséquence.

Si en 1856 le Comité d'hygiène reconnaissait que, d'après les données de la science, il n'y avait pas à considérer le vin, dans la préparation duquel le plâtre était intervenu, comme pouvant apporter un trouble appréciable dans la santé, de nouveaux travaux l'ont déterminé à infirmer cette déclaration. Une consommation quotidienne de vin plâtré peut amener à la longue des maladies et des troubles fonctionnels plus ou moins graves; c'est du moins ce qui a été remarqué depuis quelques années, non pas à la suite d'expériences faites sur des individus, mais après une étude approfondie, déterminée par des réclamations. Les hôpitaux militaires et civils surtout, après la constatation des mauvais effets du vin plâtré, se sont occupés d'en proscrire l'usage.

La question se trouve donc maintenant nettement posée : le plâtre, mêlé au vin, est préjudiciable à la santé; il y a donc lieu d'en défendre l'emploi. Voilà, du moins, l'opinion de l'Académie de médecine et du Comité consultatif d'hygiène de France.

Ces conclusions ont vivement impressionné nos viticulteurs ; l'application de ces théories devenait pour eux une cause de ruine : les chambres de commerce et les syndicats de Béziers, Bordeaux, Carcassonne, Laval, Lyon, Montpellier, Saint-Quentin, Senlis, Toulouse, etc., ont vivement protesté. Il n'y avait pas à considérer comme quantité négligeable ces protestations ; aussi un *modus vivendi* a-t-il été adopté. L'emploi du plâtre est toléré dans des conditions telles que le vin opéré ne doit pas contenir plus de 2 grammes de sulfate de potasse. Nous ne pouvons qu'approuver cette détermination, tant au point de vue des intérêts vinicoles qui se trouvent suffisamment respectés ainsi, qu'au point de vue hygiénique.

*
* *

Si les consommateurs n'étaient pas suffisamment protégés par l'emploi déterminé du plâtre, il n'y aurait pas à hésiter, il faudrait le prohiber d'une façon absolue. Ce n'est heureusement pas le cas ; les

rapports ne sont pas arrivés à nous convaincre entièrement de la nocuité du plâtrage. En effet, les conclusions du Comité d'hygiène, qui a traité à deux
fois cette question, ne sont pas basées sur des faits
absolument probants. La science, dit M. le docteur
Gallard, dans son premier rapport, ne possède pas
d'observations détaillées, suivies jour par jour,
d'individus devenus malades par suite d'une consommation journalière de vin plâtré. D'autre part,
la façon de procéder des hôpitaux civils et militaires qui, comme nous venons de le dire, se sont
occupés de restreindre, pour leurs vins, l'emploi du
plâtre, ne peut servir d'argument dans l'espèce :
les sujets sur lesquels des observations ont été faites,
observations qui ont déterminé dans les hôpitaux
des mesures administratives, n'étaient pas dans des
conditions entièrement normales pour que le Comité d'hygiène en tire parti dans ses conclusions :
tel aliment, dont l'innocuité n'élève aucune objec-
tion, peut porter cependant préjudice à un malade.
Aucune observation jusqu'à présent ne peut donc
s'appuyer sur une expérience ; car, dans une question aussi capitale, qui met en jeu les intérêts de la
plupart des départements du Midi, il ne peut être

question d'un cas exceptionnel : M. Legouest, dans
la séance du 30 mai 1880, a signalé au Comité
d'hygiène un exemple d'accident de superpurgation
qui s'est produit à trois reprises différentes sur la
même personne, par suite de l'usage de vin plâtré;
il ne s'ensuit pas de là que la santé publique soit
compromise.

Des analyses ont été faites : qu'observons-nous
dans ces analyses? Dans certains vins naturels d'une
authenticité parfaite on peut rencontrer, ajoute
M. le docteur Gallard, une certaine quantité de ce
sulfate de potasse, appelé communément plâtre
dans les analyses commerciales, dont la nocuité est
reconnue! Le vin, dont on a toujours vanté les
principes généreux et fortifiants, n'est donc plus
une boisson hygiénique; au contraire, sa consommation, au bout d'un certain temps, peut amener
des accidents dans l'organisme. Logiquement, c'est
la conclusion qu'il y aurait à tirer de cette observation ; jamais cependant l'usage d'un vin naturel
n'a engendré ni maladies ni troubles.

N'y aurait-il pas lieu, en conséquence, de trou-
ver bien pessimiste la façon de conclure du Comité
consultatif d'hygiène, et ne faudrait-il pas voir dans

la situation du rapporteur une tendance, involontaire évidemment, à empirer les choses? Jamais un homme bien portant n'a consulté un médecin sans être convaincu d'être un peu malade.

*
* *

Un autre argument, qui vient à l'appui de la thèse que nous soutenons, mais auquel nous n'attachons aucune importance, est basé sur une statistique qu'il serait très simple d'établir. Puisque M. Legouest nous a signalé le cas d'une personne tombant malade par suite de la consommation d'un vin plâtré, ne pourrait-on pas lui opposer le nombre d'individus, dans nos départements du Midi, qui, malgré un usage quotidien, n'ont jamais ressenti les moindres atteintes d'une maladie provenant de l'influence du sulfate de potasse sur l'organisme? Et cependant nous concluons que le vin ne doit être plâtré que jusqu'à concurrence de 2 grammes. Seulement, au lieu de voir une tolérance dans cette mesure, nous estimons que cette nécessité est un droit absolu. En augmentant la dose du plâtre, puisque des objections ont été faites sur l'opportu-

nité de l'emploi du sulfate de chaux dans les vins,
il pourrait se produire, nous le reconnaissons à
la rigueur, des inconvénients. Cette réglementa-
tion, tout en respectant les intérêts des viticulteurs,
calme donc les craintes du Comité consultatif d'hygiène.

Il est évident qu'il n'est pas possible de se dis-
penser de plâtrer les vins ; certaines qualités ne
doivent leur conservation qu'à cette opération ;
mais il n'est pas nécessaire de les plâtrer avec
excès. Du reste, le Comité d'hygiène tout le premier
reconnaît que le plâtrage donne au vin des qualités
dont on ne pourrait le priver sans nuire aux intérêts de la production et du commerce. Avec deux
grammes, l'expérience le prouve surabondamment,
le vin se conserve : le but est donc atteint.

Le plâtre, au point de vue de la coloration, étant
un agent d'une certaine intensité, les viticulteurs
ont intérêt à forcer la dose. Les réclamations qui
se sont produites pour que la tolérance fût supé-
rieure à deux grammes proviennent uniquement
de cette raison. L'augmentation de l'intensité de la
couleur dans ces conditions n'apportant aucun élé-
ment nouveau pour la conservation du vin, la tolé-

rance, ou mieux le droit de plâtrer jusqu'à concurrence de deux grammes est donc suffisant, puisque n'importe quelle qualité se conserve à ce dosage.

* *

Dans une récente séance à l'Académie de médecine, il a été donné lecture de deux mémoires adressés par MM. Hugounenq et Calmettes sur des essais en vue de substituer au plâtrage des vins ou le phosphatage des moûts ou leur tartrage. Des expériences ont été faites; le tartrage et le phosphatage n'offrent, paraît-il, aucun danger pour la santé publique, et ces nouveaux procédés, tout en produisant sur le vin les mêmes effets que le sulfate de chaux, n'en ont pas les inconvénients. De plus, ces deux procédés ont pour effet de diminuer dans le vin, déclare M. Armand Gauthier dans le rapport qu'il a présenté à l'Académie de médecine sur le phosphatage et le tartrage des moûts, la proportion des alcools supérieurs, qui sont des substances nuisibles, de clarifier le vin, d'empêcher qu'il soit altéré par les fermentations secondaires, de lui donner une belle coloration, sans affaiblir ou changer

son bouquet et sa sapidité, d'assurer sa conservation, de le rendre facilement transportable, enfin d'y
introduire des sels utiles à la nutrition. Il serait intéressant, en conséquence, de se livrer à des expériences en grand ayant pour base l'une ou l'autre
des deux méthodes préconisées. Mais jusqu'à présent il est impossible de se prononcer, et le plâtrage des vins par le sulfate de chaux n'est pas en-
core remplacé.

*
* *

Comme nous l'avons dit précédemment, si la nocuité du plâtre dans le vin était absolument reconnue et si, d'autre part, l'opération du plâtrage
n'était pas une nécessité, il est évident qu'il faudrait
défendre cette façon de procéder. Au-dessus de
toutes les discussions et de toutes les compétitions,
il faut placer la santé publique. Aussi réprouvons-
nous toute tentative dont le prétexte est une amé-
lioration. Nous avons été surpris de lire dans une
publication récente, faite par des personnes dont la
compétence mise au service des bonnes causes seulement est incontestable, le moyen de déplâtrer les

vins, c'est-à-dire d'éliminer du vin le sulfate de potasse que le plâtrage a produit. L'enfer est pavé de bonnes intentions. La réussite des opérations chimiques qu'il faut faire subir au vin pour atteindre ce but demande une attention soutenue, une certaine dextérité que les ouvriers des caves, malgré toute leur bonne volonté, ne pourront acquérir qu'après une longue pratique et de nombreuses erreurs. Pour notre part, nous n'encouragerons pas cette innovation.

*
* *

Il nous faut, en terminant, attirer l'attention de M. le ministre du commerce sur la facilité avec laquelle entrent, en France, les vins qui se trouvent sous le coup de mesures prohibitives. Le conseil consultatif d'hygiène a maintes fois réclamé, pour protéger la santé publique, la création de laboratoires dans nos bureaux de douanes; ces laboratoires existent, mais il est certain que leur fonctionnement ne se fait pas avec une régularité qu'on aimerait à constater. Beaucoup de vins étrangers ayant plus de deux grammes de sulfate de potasse et, par conséquent, ne se trouvant pas dans des conditions normales arrivent journellement dans nos gares. Avant la dénonciation du traité de commerce par l'Italie, le marché était couvert de vins dits de Riposto, plâtrés avec excès.

Puisque le plâtrage des vins est réglementé, il ne faut pas qu'il y ait deux poids et deux mesures, et que les viticulteurs étrangers soient favorisés au détriment de notre production nationale.

18 juillet 1888.

Paris. — Imprimerie de Ch. Noblet, 13, rue Cujas. — 1888

28